西安市科技局科普专项支持（项目编号：24KPZT0015）

IoT

前沿科技科普丛书

物联网

WULIANWANG

前沿科技科普丛书编委会　编

西安电子科技大学出版社

图书在版编目(CIP)数据

物联网 / 前沿科技科普丛书编委会编.—西安：
西安电子科技大学出版社, 2023.11
（前沿科技科普丛书）
ISBN 978-7-5606-6808-6

Ⅰ．①物… Ⅱ．①前… Ⅲ．①物联网—青少年读物
Ⅳ．①TP393.4-49②TP18-49

中国国家版本馆 CIP 数据核字(2023)第 033967 号

策　　划　邵汉平　陈一琛
责任编辑　陈一琛
出版发行　西安电子科技大学出版社(西安市太白南路 2 号)
电　　话　（029)88202421 88201467　　邮　　编　710071
网　　址　www.xduph.com　　　　　　电子邮箱　xdupfxb001@163.com
经　　销　新华书店
印刷单位　广东虎彩云印刷有限公司
版　　次　2023 年 11 月第 1 版　　2023 年 11 月第 1 次印刷
开　　本　787 毫米×960 毫米　　1/16　　印张　6
字　　数　100 千字
定　　价　26.80 元
ISBN　978-7-5606-6808-6/ TP
XDUP　7110001-1
*****如有印装问题可调换*****

前 言

　　从互联网到物联网，现代社会正发生着日新月异的变化。人能和电脑相互连接吗，又能和万物相连吗？这种听起来像是在科幻小说中出现的技术，早已在我们的生活中得到了应用。

　　本书主要介绍物联网的相关知识，包括物联网的概念、特征，物联网的发展历史、现状和未来，物联网的基本体系、相关技术系统，物联网在工业、农业、军事、教育等领域的应用情况，和我们生活相关的物联网应用实例（比如智能电网、智能医疗、智能交通等）。此外，本书还介绍了中国物联网发展的基础、高潮和不足，以及物联网的困境与挑战，让青少年全方位了解物联网在我们生活中的巨大作用。

目　录

什么是物联网

物联网是通过信息传感设备把互联网和生活中的实际物品连接起来，实时采集各种信息，形成的一个信息化、智能化、可远程管理控制的巨大网络。

▲ 物联网的核心基础仍然是互联网

万物相连的网络

物联网，顾名思义，就是"万物相连的网络"。它是在互联网的基础上延伸和扩展而成的巨大网络系统，可以在任何时间、任何地点实现人与电脑、物品的互联互通。

物联网与互联网有什么不同？

互联网在人和人之间联网，物联网在物和物之间联网。物联网的核心技术其实就是互联网，所以物联网可以看作是互联网的升级版。

▶ 物联网通过智能感知、识别技术与普适计算等通信感知技术，广泛应用于网络的融合中

充满智慧的物联网

物联网在各个领域都有应用，它收集了我们生活中的海量信息，并对这些信息进行分析，再将信息快速传递、反馈到我们生活中的事物上，让"智慧生活"变得触手可及。

实时传递

物联网可以传达当时、当下的信息，有着高效和高速的特点，让我们不需要等待就可以完成指令、达到目的，仿佛我们的第六感官，带领我们看到更加广阔的世界。

◀ 视频电话是通过通信设备和网络实时传送人的语音和图像的通信方式

海量信息

由于搭载了各种智能技术，跨地域、跨领域、跨行业的数据都可以借助物联网来处理，这些数据内容非常丰富，计算、传达的信息量极其庞大。

▶ 物联网可搜集分散的资料，整合物与物的数字信息

物联网的基本功能

在线监测：通过网络追踪大量数据信息，实现在线监测。
定位追溯：依托全球定位系统（GPS）或无线通信技术轻松查找定位。
报警联动：网络连接报警器，更安全、更放心。
指挥调度：快速分析数据信息，合理安排处理事情。
预案管理：预先设置规则条例，轻松应对事件发生。
安全隐私：完善的安全机制，保护我们的隐私。

▲ 智能工厂概念图

智能处理

物联网设计有着美好的愿景，希望在一些行业，自动化的设备可以取代人力，让人们的生活更加便捷。因此，物联网一旦创建，就实现了全智能化，基本不需要人工干预。

自主决策

物联网还有另一大特点，就是自主决策。如果说智能处理代表了流畅的过程，自主决策就是完美的结果，两者都是不可缺失的部分。

▼ 机器学习能模拟或实现人类的学习行为，以获取新的知识或技能

物联网简史

　　物联网是一项新技术，20 世纪 90 年代这个词才出现，但是它的发展速度却超乎我们的想象。现在，物联网已经成为一个流行语，那么物联网的发展中有哪些重要的里程碑呢？

最初设想

　　1995 年，比尔·盖茨在他创作的《未来之路》一书中，第一次提到了关于"物联网"的设想。他认为，当时的因特网虽然发达，但由于设备的限制，没有做到万事万物联网。

提出概念

　　1999 年，美国麻省理工学院的自动识别中心首先提出"物联网"的概念，阐明了物联网的基本含义。

物联网发展中的里程碑

　　1969 年：美国国防部高级研究计划局（DARPA）开发了阿帕网（ARPA Net），这是物联网"网络"的基础。

　　1980 年：阿帕网向公众开放。

　　1982 年：早期的物联网设备之一产生了，是一台可以联网的可口可乐自动售卖机。

　　1990 年：一台烤面包机连接到互联网上之后，被成功开启和关闭，它与我们现代的物联网设备很接近。

　　1993 年：剑桥大学发明了世界上第一个网络摄像头，用来观测咖啡机中的咖啡是否煮好。

　　1995 年：美国政府运营的第一个 GPS 卫星计划完成，物联网设备开始具备"定位"功能。

　　2004 年："物联网"一词广泛传播。

　　2009 年：谷歌启动了自动驾驶汽车测试项目，圣裘德医疗中心发布了联网心脏起搏器，同时，比特币开始运营。

　　2013 年：谷歌眼镜发布，这是物联网和可穿戴技术的一个革命性进步。

物联网时代来临

2005 年末,国际电信联盟(ITU)在信息社会世界峰会(WSIS)上发布《ITU互联网报告2005:物联网》,指出物联网时代即将来临,射频识别技术、传感器技术等也将得到广泛应用。

▶ 射频标签不需要在识别器视线之内,可以嵌入被追踪物体中

扩大范围

2009 年,在美国工商业巨头的"圆桌会议"上,IBM公司首席执行官首次提出"智慧地球"这一概念,表示将由政府投资新一代的智能化基础设施,全面形成物联网。

▲ 谷歌眼镜是一款增强现实穿戴式智能眼镜,配有光学头戴式显示器(OHMD),穿戴者可以直接用语音指令与互联网服务联系和沟通

物联网现状

根据预测,到 2025 年,物联网产业的价值将达到 3 万亿元。就目前来看,物联网平台的功能还相对简单,很多系统还需要完善,但不可否认物联网的发展潜力是相当巨大的。

面临困难

正因为物联网有巨大优势,很多企业都想要加入物联网领域。但物联网行业却依然存在不少问题,比如规模小、效率低、标准少等。

安全至上

物联网就像一把双刃剑,它给人们带来便利的同时,其安全风险也危及人们的生活。它的泄密途径更多、防护难度更大、造成的危害更严重。所以,我们需要完善物联网安全保障体系。

国际标准

由于物联网的体系还存在一定的问题,因此设计标准的制定日益重要。我们需要强化设计层面的管理,还需要一套标准的原则来更好地管控物联网的运行,推动物联网健康发展。

▶ 物联网应用领域逐渐扩大,需要制定一套标准原则来更好地管控

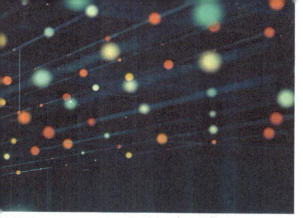

众说物联网

A 同学：物联网？好像听过，但不是很清楚到底是什么，是不是和电脑有关？

B 同学：我们今天的考试有关于物联网的题，现在物联网的概念炒得很热呢！

C 同学：学校引入了互联网，是不是很快就可以接入所谓的物联网了呢？

D 同学：我听过物联网，我认为物联网就是很多很厉害的技术，比如在《人工智能》和《黑客帝国》电影里面看到的那样。

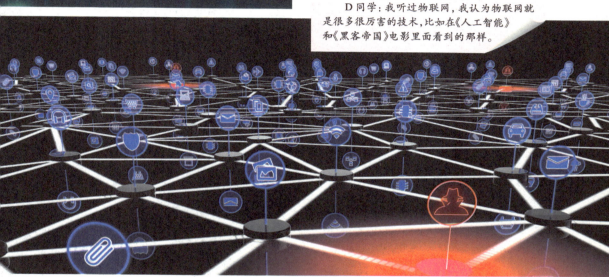

▲ 物联网处于起步阶段，有关隐私、安全和数据所有权等问题的法律、法规和治理方式仍在不断发展

应用创新是核心

随着各行各业智能化的到来，从未来的前景和趋势看，物联网的核心就是应用创新。在科技飞速发展的时代，物联网更需要努力创新，才能绽放不一样的光彩。

物联网影响生活

物联网不仅仅是一种工具，更是一种全新的概念，一种新型的思维方式。每个人都有机会利用物联网传达信息，不同的需求也都能够被满足。

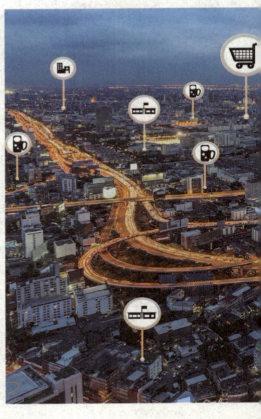

对社会的影响

一种全新的模式必然会带来巨大的变革。物联网不仅可以极大地促进社会生产力的发展，让我们创造更大的财富，而且可以大大改变我们的生活方式。

对经济的影响

物联网有着巨大的市场前景。作为一种全新的技术，它能让商人远程控制自己的商品，随时随地查看商品情况，让物流也变得十分简单。

◀ 在物流和车队管理中，物联网平台可以通过无线传感器持续监控货物的位置和状况，并在发生异常事件（延迟、损坏、失窃等）时发送特定警报

库存

24h

工作人员　　运输

购买

▲ 物联网的应用和发展，有利于促进生产生活和社会管理方式向智能化、精细化、网络化方向转变，极大提高社会管理和公共服务水平，催生大量新技术、新产品、新应用和新模式

▲ 物联网设备可用于激活远程健康监控和紧急情况通知系统

看得见、摸得着的物联网

医疗中的物联网：电子病例、就医"一卡通"、远程医疗。

环保中的物联网：水污染检测、城市污染源检测、气象监测。

交通中的物联网：共享单车、停车时间监控、出租车监控系统。

电力中的物联网：智能抄表、电力管控、卡表一站式服务。

物流中的物联网：快递、外卖、同城急送、跑腿服务。

建筑中的物联网：智能化施工、智能化监控、智能化验收。

对世界的影响

物联网的用途广泛，遍布交通、工业、军事、教育等多个领域。它将世界各地的人紧密联系在一起，使地球大家园变得更美好。

▶ 在城市交通中，物联网可用于集成通信、控制与信息处理

完整的物联体系

物联网是一个物物互联的完整体系，涉及众多技术和应用。目前,物联网还没有统一的体系架构,人们大多认为它可以分为三层:感知层、网络层、应用层。

感知层

感知层是物联网的核心,是三个层次中最基础的一层。它的作用是通过传感器感知环境中的信息,就像是人体的皮肤和五官,通过视觉、味觉、触觉等识别周围的物体。

▲ 感知层解决的是人类世界和物理世界的数据获取问题。

▲ 网络层实现两个端系统之间的数据透明传送

网络层

网络层就像我们的神经中枢,可以进行复杂的信息传输、计算和处理,通常进行的是长距离传输。它能够帮助感知层处理一系列的数据,并向上输出。

应用层

应用层利用经过分析处理的数据，为用户提供服务。它是物联网和人们对接的窗口，针对不同群体、相关领域和各类服务内容提供相应的平台

▲ 应用层可以为用户提供具体服务，与我们的学习、生活紧密相关

层与层之间的关系

感知层又称信源层；网络层可分为支撑层和数据层，它们和应用层之间有着自下而上的关系。最底层是感知层，再往上是网络层，最顶层是应用层。

物联网泛在传感器网络（USN）体系架构

USN 体系架构是多种物联网网络体系架构中的一种。USN 体系架构将物联网分为五层，依次是感知网、接入网、网络基础设施、中间件和应用平台。基于USN体系架构，物联网后来被简化为感知层、网络层和应用层。

感知网：采集和传输环境中的信息。

接入网：一个重要关卡，确保了我们的设备可以接收到网络信息。

网络基础设施：下一代全新的网络。

中间件：可以收集大量的数据。

应用平台：生活中常见的具体应用。

逐渐完善的功能

物联网的体系虽然还没有完全形成，但已经有了基本的雏形，这也使得物联网开始在各行各业得到普及。一般来说，一个完整的物联网体系拥有信息感知、信息汇聚、信息处理和应用运营几大功能。

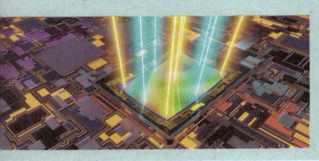

信息感知

物联网对信息的感知主要依赖于一些特殊的采集技术，比如射频识别技术和各种传感器。传感器可以对环境进行分析，然后将这些信息转换成虚拟信号来传输。

物联网信息感知的种类

传达感知信息：温度、湿度、压力、空气气体浓度等。

物品属性信息：物品名称、种类、价格、分类等。

工作状态信息：仪器、设备的工作参数等。

地理位置信息：方位、范围、具体位置等。

▼ 无线网络技术是一种能够将个人电脑、手持设备（如手机）等终端以无线方式互相连接的技术

信息汇聚

信息汇聚依赖各种各样的媒介，将采集到的信息进行整合。信息汇聚涉及多条移动无线网络、传感器网络和我们熟悉的 Wi-Fi 等无线通信技术。

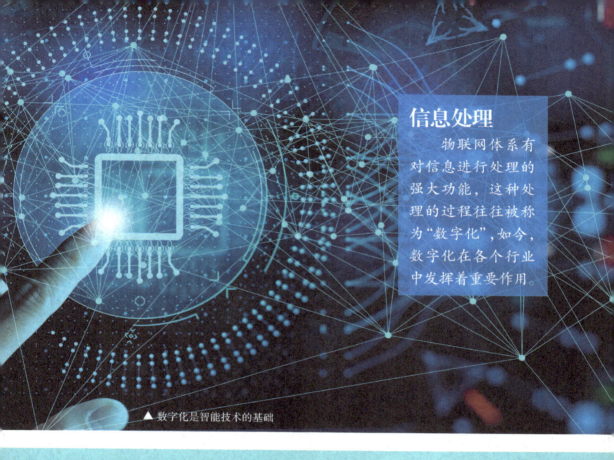

信息处理

物联网体系有对信息进行处理的强大功能，这种处理的过程往往被称为"数字化"，如今，数字化在各个行业中发挥着重要作用。

▲ 数字化是智能技术的基础

应用运营

物联网的应用运营涉及工业、农业、科技、交通等方方面面，它将智能化发展带入各行各业，极大地提升了行业效率。这一点，在我们日常生活中的物流、医疗、教育等方面得到了印证。

要不要来一杯智能咖啡？

物联网让我们生活中的物品都朝着智能方向发展，因此，"智能咖啡杯"就这样产生了。你可以在最喜欢的咖啡馆点上一杯"无限续杯"的智能咖啡，然后坐在窗台旁待上一整天。而此时咖啡杯正在和咖啡馆的系统"云"通信，当你的咖啡温度降低或快要喝完时，服务员就会收到信息，然后为你续上一杯热腾腾的咖啡。

第一步　　　第二步　　　第三步

▲ 物联网应用运营示意图

四大支撑网络

物联网的组成离不开网络。物品往往是属于个人私有的，在流通时形成了较为分散的网络。要实现万物相连的物联网，就需要有基础的支撑网络。物联网主要有四大支撑网络。

短距离无线通信网

▲ 蓝牙

短距离无线通信网的特点是通信距离短，覆盖距离一般在 10~200 米之间。我们熟悉的蓝牙技术就是一种在短距离无线通信网中应用的技术。

长距离无线通信网

长距离无线通信网包括中距离无线通信网和远距离无线通信网。中距离无线通信网的通信距离为几百米到几百千米，常用于电视微波传输等；远距离无线通信网的通信距离为几百千米以上，包括卫星通信、长波通信等。

▲ 长距离无线通信网示意图

短距离有线通信网

　　短距离有线通信网就是要依赖现场的总线来实现通信的网络。有线传输具有信号稳定的优点，同时也有连接难度大、安装维护费用高的缺点。

长距离有线通信网

　　长距离有线通信网是支持网络协议（IP）的网络，主要是互联网、广电网和电信网这三种网络的融合，此外还有国家电网的通信网。

◀ 电信网是利用有线、无线或二者结合的电磁、光电系统传递文字、声音、数据、图像或其他任何媒体信息的网络

物联网网络大环境——泛在网

　　泛在网是一个比物联网更加广泛的概念，它向社会上的每一个人都提供无所不含（任何时间、任何地点、任何人、任何物体）的信息服务。从技术上看，泛在网是物联网、互联网、通信网三者高度融合后的目标，它将融合多种网络，跨越多个行业，涉及无数应用。

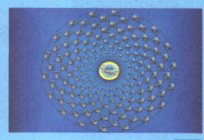

▶ 泛在网概念图

15

传感网和电信网

除了四大支撑网络，物联网还和传感网、电信网有着密切的关系。我们所说的传感网一般还包括宽带网，而电信网则是实现远距离通信的重要设施，从概念上可以分为业务网和装备网。

传感网

传感网通过传感器产生作用。我们生活中的物体一旦装上了传感器，就能够探测环境的温度、湿度等数据，从而帮助我们更好地认识环境。

▶ 传感器探测环境温度、湿度

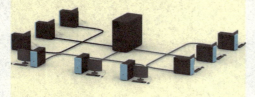

宽带网

宽带网是一类区域网络，它有着高速率、低费率、安装简单等特点。目前，中国宽带的普及率已经在 95% 以上。

▲ 接入社区的宽带网能够为用户提供几百兆的网络带宽，上网速度是电话拨号上网的 100 倍以上

电信网

电信网通常由终端设备、传输链路和交换设备三种要素构成，它能够按照我们的不同需求来传递和交流不同信息，比如打电话就是利用电信网来实现的。

► 电话网经历了由模拟电话网向综合数字电话网的演变，可以说是电信网的基础

业务网

业务网是承担广播、电视等业务的电信网，一般由终端、传输、交换和网路等技术组成。它可以更加直接地服务于人类，常见的有电话网、传真网等。

装备网

装备网是一个比业务网范围更大的概念，可以说装备网中承载了许多业务网。装备网一般由终端设备、传输设备和交换设备等组成。

无线传感器网络

无线传感器网络是物联网的重要组成部分，它可以感知、处理一定范围内的信息，改变人与自然的交流方式，有着极多的应用场景和巨大的市场竞争力。

同步时间

同步时间是无线传感器网络的重要支撑技术之一。无线传感器要求和本地的时钟保持同步，因为需要完成复杂的监测任务，例如目标跟踪、节点定位等。

▼ 无线传感器网络具有众多类型的传感器，可探测包括地震、电磁、温度、湿度、噪声、光强度、压力、土壤成分及移动物体的大小、速度和方向等周边环境中多种多样的现象

▲ GPS 可以通过接收卫星信号来实时确定地面位置

定位节点

根据网络中已知的节点位置，无线传感器可以对目标节点进行准确定位。常见的定位技术是 GPS 定位，但这种定位方式有着成本高、能耗大的特点。

融合数据

如果单独传输各个节点的信息，将会消耗极大的能量，所以在节点数据收集的过程中，需要对数据内容进行融合，删除不必要的信息。

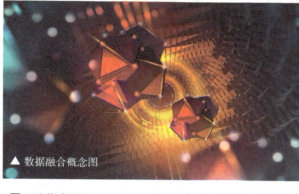

▲ 数据融合概念图

▼ 无线传感器网络可以通过在通信前进行节点与节点的身份认证、设计新的密钥协商方案等来确保通信安全

无线传感器网络在地震中的应用

2008年汶川发生大地震，坍塌的楼房、翻滚的泥石流，让多少人失去了自己的家园。我国面积广大，单凭人力监测所有地震多发地区的地质情况显然是不现实的。如果能运用无线传感器网络技术，监测人员就可以远程监测各地的地震数据，在发现异常时提前应对，从而将损失降到最低。

确保安全

由于传播的开放性，无线传感器很容易受到恶意攻击和拦截，所以在设计传感器时，需要额外重视安全方面的问题，确保信息在通信安全的情况下传递。

无线传感器网络面临的挑战

实时性设计：无线传感器网络需要处理突发事件。

降低成本：无线传感器网络由大量的传感器节点组成，如果配有自我修复功能，就可以极大减少开销。

加强抗干扰能力：传感器节点必须具备良好的抗干扰能力，因为现场环境可能非常恶劣，比如极寒冷或极炎热。

物联网技术体系

物联网技术听起来很炫酷，但其实并没有脱离现有的技术，只是对已有技术进行综合运用而打造出的全新模式。不过，物联网对技术的要求是很高的，也会催生出一系列新的技术。

感知技术

感知技术是物联网感知物体、采集数据的基础，最关键的就是传感器技术和识别技术。传感器技术能将物理世界中的信息转化成数字信号，识别技术则能实现对物品重要信息的获取和识别。

火焰检测器 **1**

烟雾报警器 **2**

气体传感器 **3**

可见光检测仪 **4**

温度传感器 **5**

10 心跳感应器

9 运动传感器

8 接触式传感器

7 激光陀螺仪

6 水浸传感器

▲ 常见传感器示意图

网络技术

网络技术主要实现物联网中海量物体之间的通信传递，重点包括近距离无线通信技术、低功耗广域网通信技术、移动通信技术等。

◀ 近距离无线通信技术：Wi-Fi（左）与蓝牙（右）

信息通信技术

信息通信技术是物联网的关键技术之一，其中交互技术、计算技术和数据处理技术在物联网应用方面起着不可忽视的作用。

安全技术

物联网的应用必须重点解决安全问题。物联网的安全技术包括密钥管理、安全认证、隐私保护等技术。

▼ 信息安全的主要目标是保障信息系统的连续、正常运行

智能传感器

传感器是一种检测装置，传感器技术是物联网的核心技术之一。智能传感器作为传感器发展第三个阶段的主要传感器，对物联网的性能有着重要影响，也是物联网的重要基础。

传感器节点

传感器节点是无线传感器网络的基本功能单元。它是一种极其微小的结构，能嵌入到设备中，将采集到的信息进行初步处理和整合后传送到基站，通过基站最终传送给用户。

传感器的发展阶段

第一阶段：1969年之前，此阶段的传感器主要为结构型传感器。

第二阶段：1969年之后的20年间，此阶段的传感器主要为固态传感器。

第三阶段：1990年至今，此阶段的传感器主要为智能传感器。

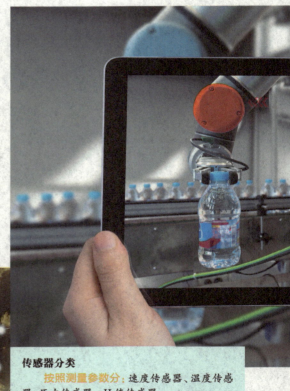

传感器分类

按照测量参数分：速度传感器、温度传感器、压力传感器、pH值传感器。

按照工作内容分：物理传感器、化学传感器、生物传感器。

按照能量转换分：能量转化型传感器、能量控制型传感器。

按照使用材料分：陶瓷传感器、金属材料传感器、纳米材料传感器、复合材料传感器。

按照输出信号分：模拟式传感器、数字式传感器。

▲ 传感器节点概念图

可穿戴设备

把可穿戴设备穿在身上，就相当于把各种传感器穿在了身上。这就是智能传感器的一大魅力所在，它获取穿戴者身体的信息并将相关数据上传到物联网。

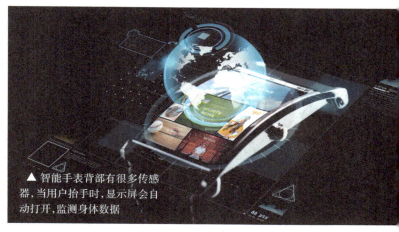

▲ 智能手表背部有很多传感器，当用户抬手时，显示屏会自动打开，监测身体数据

特殊传感器

根据穿戴的位置和用途不同，有的可穿戴设备会配备特殊的传感器，比如头戴型设备就会配备检测脑电波的传感器。

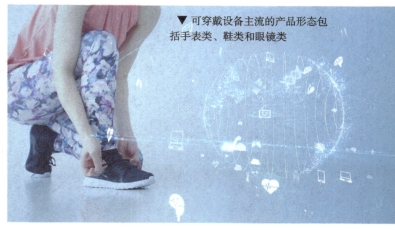

▼ 可穿戴设备主流的产品形态包括手表类、鞋类和眼镜类

位置传感器

位置传感器是一种特殊的传感器。手机中的GPS就使用了位置传感器，可以随时定位使用者的地理位置。

◀ GPS 可以为地球表面大部分地区（98%）提供准确的定位、测速服务和高精度的时间标准

独一无二的代码

产品电子代码简称EPC，是物联网存在的基础。作为产品的"身份证"，每一个产品的产品电子代码都是独一无二的。物联网的各项识别技术都是基于产品电子代码而存在的。

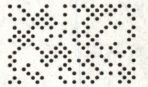

信息简洁

产品电子代码中储存着简单的产品信息，比如有关产品的重量、尺寸、有效期、产地、配料等。

▼ 扫描产品电子代码，可获得相关产品信息

容量庞大

　　产品电子代码的容量非常庞大，它可以标识和管理全球范围内的大量产品，并且确保每一个产品都具有唯一的标识。

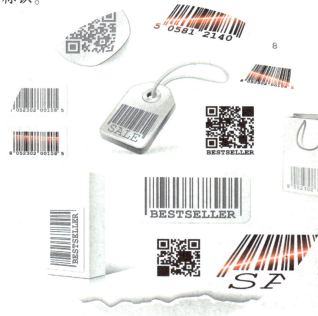

▲ 产品电子代码是一个完整的、复杂的、综合的系统，条码和 QR 码(二维码的一种，比普通条码存储的信息更多)都是基于它而存在的

▲ EPC 统一了对全球产品编码的方法，可以为全球每一个产品进行编码

EPC 分类

　　EPC-64 Ⅰ型：可以满足大多数公司的需求。

　　EPC-64 Ⅱ型：最多可以表示上百亿的不同产品，远超世界上最大的消费品生产商的生产能力。

　　EPC-64 Ⅲ型：应用于更加广泛的组织和行业。

分类自由

　　产品电子代码的分类是较为自由的，管理者可以自行决定，把有相同特征的产品归为一类。

批量编码

　　一个批次中的产品可以单独编为一个电子代码，也可以给每一个产品编写唯一的代码。如果产品电子代码被批量使用，那么成本可以大大降低。

信息自动识别技术

　　信息自动识别技术指利用可以识别的装置，通过靠近需要被识别的物体，主动获取被识别物体信息的一种技术。常见的信息自动识别技术有IC卡技术、条形码识别技术、生物识别技术、图像识别技术等。

IC 卡技术

　　IC卡是智能卡的总称，它带有存储器可读写数据，所记录内容可反复擦写。IC卡分为接触式IC卡和非接触式IC卡两种。非接触式IC卡又称射频卡，是射频识别技术和IC卡技术结合的产物。

▲ 接触式IC卡，如电话卡　　　　　　　　▲ 非接触式IC卡，如交通卡

条形码识别技术

　　条形码是由一些排列规则的竖线条、几块不均匀的空白和字符组合而成的。虽然好用的识别技术层出不穷，但条形码依旧是迄今为止最经济、实用的自动识别技术。

▲ 条形码

▼ 指纹识别

生物识别技术

　　生物识别技术是市场针对人类不同的外貌设计的一种技术。它可以准确分辨不同人的外貌、声音,具体分为指纹识别、基因识别、视网膜识别、虹膜识别等,其中最常用的是指纹识别。

▼ 现有自动识别技术能很好地解决特定目标的识别,比如简单几何图形识别、人脸识别、印刷或手写文件识别、车辆识别等

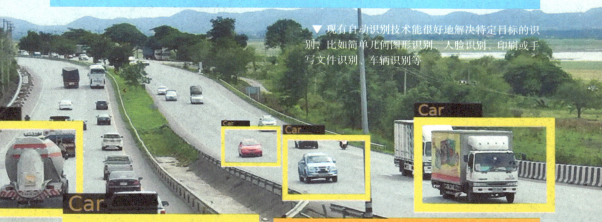

图像识别技术

　　每一个图像都有自己的特征。图像识别技术可以分辨不同图像的特征,现在,这项技术已经发展到可以分辨人们手画图像的地步了。

条形码、磁卡、IC 卡和电子标签的性能对比

	信息量	智能化	私密性	抗干扰	成本	寿命
条形码	小	无	差	差	低	短
磁卡	中	无	良	良	中	短
IC 卡	大	有	优	优	高	长
电子标签	大	有	最优	最优	中	最长

射频识别技术

射频识别技术从 20 世纪 90 年代开始兴起,可以通过"射频"传输信息。射频识别系统包含射频标签、读写设备、传输天线,在物体跟踪、防伪和军事方面得到了广泛应用。

射频标签

射频标签又称电子标签、射频卡或非接触式 IC 卡,每一个射频标签都是独一无二的。它有着一定的格式,一般附着在待识别物体的表面。

▼ 射频识别可以实现从商品设计、原材料采购、半成品与成品生产、运输、仓储、配送、销售,甚至退货处理与售后服务等所有供应链环节的即时监控,准确掌握产品相关信息,诸如名类、生产商、生产时间、地点、颜色、尺寸、数量、到达地、接收者等

▲ 射频标签可用于对物体进行自动识别和跟踪

读写设备

读写设备用于读写射频标签,有手持式和固定式两种。超市收银员手中对物品扫码的机器就是手持式的读写设备,而立在桌面上用于扫描付款二维码的机器则是固定式的读写设备。

▲ 读写设备

传输天线

　　天线起到传输信号的作用，是射频标签和读写设备之间的桥梁。如今，它的规格已经十分标准化，而且具有工作距离长、适用于恶劣环境等优点。

▲ 射频识别系统由微型无线电应答器、无线电接收器和发射器组成

应用广泛

　　射频识别技术的应用十分广泛，常应用于物流中货品的追踪、二代身份证等电子证件，以及烟、酒、药物的防伪。

▲ 射频识别硬标签

射频识别技术发展阶段

　　1940—1950年：初始阶段，雷达的改进和应用推动了射频识别技术的产生，随后产生了理论基础。

　　1950—1960年：探索阶段，主要在实验室中进行研究，理论逐渐完善。

　　1960—1970年：初步发展阶段，理论得到重视，同时技术开始被应用到生活中。

　　1970—1980年：快速发展阶段，射频识别技术快速发展，出现了最早的一批射频识别应用。

　　1980—1990年：商业化阶段，各种领域的应用开始进入人们的视野。

　　1990—2000年：常态化阶段，射频识别技术成为人们生活中必不可少的一部分，射频识别产品广泛使用。

　　2000年至今：成熟阶段，成本不断降低，种类更加丰富，但与此同时，安全性和隐私问题暴露了出来。

▲ 射频识别货物追踪

经济实用的条形码

条形码与射频识别技术都是现阶段物联网市场的核心识别技术。条形码可以轻易被计算机识别，呈现相应的信息，其具有速度极快、制作简单、经济便宜、准确可靠等特点。

▲ 带有摄像镜头的手机或个人电脑，通过镜头识别杂志、报纸、电视机或电脑屏幕上的彩色条码，并将信息传送到数据中心

速度极快

条形码的输入速度大约比传统键盘的输入速度快5倍，可以一瞬间就把信息输入到电脑中。所以我们在超市结账时，收银员能够在很短的时间内报出多件商品的总价。

◀ 条形码包含产品的生产国、制造厂家、商品名称、生产日期、分类号等信息

制作简单

条形码之所以被称作"可印刷的计算机语言"，是因为它的标签容易制作，对印刷工艺和材料没有特殊的要求，设备相对便宜，操作也很容易。

经济便宜

与其他技术相比，条形码技术是更加经济的选择，因为推广应用条形码技术所需的费用是较低的。

◀一维条形码和二维条形码

二维码取代一维码的原因

使用条件限制：一维码需要从数据库提取信息，所以联网不便的地方无法使用。

表达内容有限：只能传达数字和字母信息，无法表达文字和图像。

包装印刷不便：对标签尺寸有要求，所以在包装和印刷上没有二维码方便。

一维条形码

一维条形码简称一维码，一般只包含数字和字母。它的优点是编码的规则很简单，所以价格很低；缺点是储存的容量较小，表达的信息有限。

二维条形码

二维条形码简称二维码。它的优点是信息容量大、制作成本低、保密性和防伪性能好。

准确可靠

我们知道键盘输入的出错率大约在三百分之一，光学字符识别技术的出错率约为万分之一，而条形码识别技术的出错率大约在百万分之一，它的准确率非常高。

确认身份信息

身份认证技术又被称作生物识别技术，是一种特殊的鉴别手段。这种技术依据某人身上携带的特殊物品、独一无二的身体特征和私密的个人信息，利用特殊的机器来确认个人身份。

最早起源

在中国，最早的身份认证可以追溯到秦国的"照身贴"，这是商鞅推出的一种"户籍证明"，上面刻有持有人的头像，和我们现在使用的身份证类似。

演变历程

身份认证演变至今，经历了多次变化，形式多种多样，秦国照身贴、唐朝鱼符都与现代的身份证类似。现今，身份认证已经和互联网密不可分。

▲ 人脸识别是一种生物识别技术，类似于指纹识别，但它是基于人的脸部特征信息来进行身份识别的。通过摄像机或摄像头，计算机可以自动在图像中检测人脸，然后对其进行比对、识别

中国人脸识别技术的发展

1990年：中国开始进行人脸识别技术的研发。

2000年：首家面像识别核心技术研究与开发实验室成立，开始自主研发人脸识别的系统和产品。

2005年：清华大学的研究成果"人脸识别系统"通过专家鉴定，成为反恐、安全防范的重要手段。

2008年：北京奥运会开幕式中，中国完全自主知识产权的人脸识别系统首次成功使用。

2013年：人脸识别系统在户籍查重中发挥了重要作用，得到了全国各省市的重视。

2015年：阿里巴巴集团推出"刷脸支付"，开启人脸识别新时代。

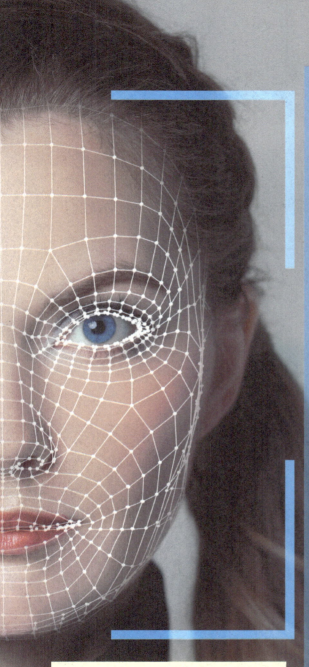

应用领域

　　古代身份认证主要用于军队管理、宫苑门禁、签署文书和追捕逃犯，发展到现代，各式各样的身份认证方式被运用于电子商务、案件侦破、教育、金融等领域。

▼ 刷脸支付

▼ 静态密码

▲ 短信密码

技术分类

　　生物识别技术有各种手段，其中，静态密码使用方便，动态密码需要借助硬件实现，短信密码常由系统向用户手机上发送。

"脑波"技术正在向我们走来

　　"脑波"技术：对人脑的脑电波进行捕捉的技术。

　　"脑波"技术的原理：人脑的记忆会对曾经看过的画面产生回应，发出"脑波"。

　　"脑波"技术的应用：日常驾驶中对司机疲劳度的检测、对罪犯的确认。

机器视觉技术

机器视觉技术是计算机科学的一个重要分支，它融合了多个领域，在信息技术化时代扮演着越来越重要的角色。它可以模拟人类的视觉，对物体进行检测和控制。指纹识别、人脸识别中都有它的助力。

▼ 图像处理功能

图像处理

图像处理是实现机器视觉技术的必要环节，包括对最初的图片进行分析和处理，排除图片中多余的干扰信息，留下有效信息，增加测量的精度和准确度。

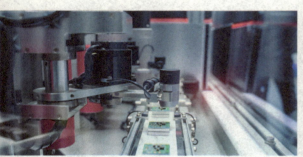
▲ 印制电路板自动焊接

缺陷检测

工件表面是否有划痕、产品的包装和印刷是否完善、矿泉水瓶的盖子是否牢固等，都需要被准确检测，而图像处理技术可使视觉检测设备实现产品的全方位检测，从而避免了人工检测效率低、准确性不高的问题。

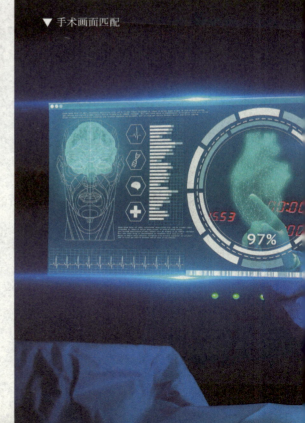
▼ 手术画面匹配

模式识别

模式识别是信息科学和人工智能的重要组成部分，其特点在于处理事物不同形式的信息，并对这些信息进行分类和辨别，常应用于字符识别和条码识别。

▲ 识别字符

尺寸测量

尺寸测量包括距离测量、圆测量、轮廓测量等，是机器视觉技术应用于制造业时最核心的功能。在生产过程和成品检测中，尺寸测量都是必不可少的步骤。

▲ 测量尺寸

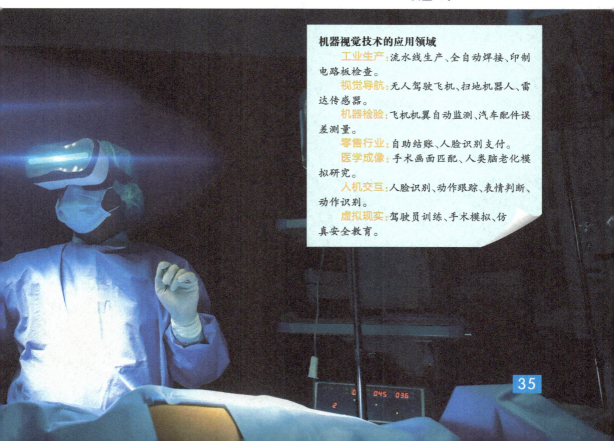

机器视觉技术的应用领域

工业生产：流水线生产、全自动焊接、印制电路板检查。

视觉导航：无人驾驶飞机、扫地机器人、雷达传感器。

机器检验：飞机机翼自动监测、汽车配件误差测量。

零售行业：自助结账、人脸识别支付。

医学成像：手术画面匹配、人类脑老化模拟研究。

人机交互：人脸识别、动作跟踪、表情判断、动作识别。

虚拟现实：驾驶员训练、手术模拟、仿真安全教育。

蓝牙技术

蓝牙技术实际上是物联网中的一种近距离无线通信技术，它诞生于 1994 年，起初是为了建立手机和手机附件之间的通信。发展至今，它已经成为人们生活中不可缺少的重要技术。

无须连线

利用蓝牙技术，一些便携移动设备和计算机设备无须连线就能连接到互联网。现在的智能手机几乎都有蓝牙功能，可以任意和附近的设备相连。

蓝牙技术的优点
1. 通用性强，沟通无"国界"；
2. 传输距离较短；
3. 同步传输语音和数据；
4. 抗干扰，安全性高；
5. 体积小，携带方便；
6. 能耗低，续航能力强；
7. 接口开放，适用设备多；
8. 成本低，产品价格便宜。

▼ 蓝牙可以任意和附近的设备相连

快速传输

　　蓝牙技术可以有效简化移动通信设备之间的通信，让数据传输变得更加迅速高效。比如，两台手机之间共享文件，就能轻松通过蓝牙连接实现。

▲ 蓝牙音箱

◀ 蓝牙耳机

◀ 蓝牙 5.0 针对低功耗设备，有着更广的覆盖范围和更快的传输速度

蓝牙技术的应用

　　蓝牙技术主要应用在消费电子领域，比如手机和平板电脑等电子产品。随着物联网的发展，蓝牙技术也在向医疗等新领域拓展。此外，蓝牙技术已融入可穿戴设备（比如电子手表）、智能门锁、移动支付和儿童定位设备等领域。

全新版本

　　蓝牙 5.0 是蓝牙技术联盟在 2016 年提出的，主要针对低能耗的产品，在速度上有相应的提升和优化，还追加了室内辅助定位功能，可以实现高精度的定位。

机器与机器对话

机器与机器对话简称M2M，这是物联网中一个极为重要的概念，意思是机器设备在没有人为干预的情况下，通过网络沟通自行处理问题或完成任务，也就是让机器自主交流。

智能化机器

智能化机器是实现机器对机器通信的第一步。通过网络从机器中获得数据，再发送到另一个机器中，这就完成了一次机器和机器的对话。

▼ 智能化机器就是使机器"开口说话"，让机器具备信息感知、信息加工、无线通信的能力

M2M 硬件

M2M 硬件部分包括嵌入式硬件、可组装硬件、调制解调器、传感器和识别标识，是实现机器联网和通信的部件，可以对不同的机器进行信息提取，再将信息传输到进行分析的部件。

▼ 调制解调器能把计算机的数字信号翻译成可沿普通电话线传送的模拟信号

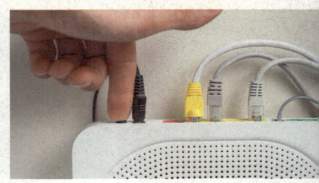

▲ 从广义上来说，M2M可代表机器对机器、人对机器、机器对人、移动网络对机器之间的连接与通信，它涵盖了所有在人、机器、系统之间建立通信连接的技术和手段

M2M 的应用领域

M2M 技术为各行各业提供"一条龙"服务，让业务流程方便快捷，其主要作用于家庭、支付、工业、物流、医疗等方面。

家庭应用领域：利用 M2M 技术可以实现远程抄表，日常水电和煤气计量仪器都可以被快速分析，同时还可以与银行联网，相当于有人为你"跑腿"，并且还没有"跑腿费"。

零售支付领域：目前，手机中的电子支付系统已经应用于我们的生活，我们在使用移动通信进行日常消费时，M2M 技术也在其中起到了重要作用。

工业应用领域：在工业领域中，产品的远程监控、设备的自动管理，都是 M2M 技术中通用无线分组业务（GPRS）和码分多址（CDMA）监测模块的应用。

物流运输行业：淘宝网上订单的查询，商家对订单进行批量管理和运输安排，以及支付系统等功能，都因为 M2M 技术而变得更加灵活，大大加快了服务速度和质量。

医疗卫生行业：利用 M2M 技术可以实现对病人的远程监护、身体检查和数据整理，远程手术已经不再是遥远的梦想。

通信网络

我们生活在网络时代，网络技术彻底改变了我们的生活面貌，M2M 技术中的通信网络也处于核心地位，包括广域网、局域网和个域网。

▼ 通信网络实现了人与人、人与计算机、计算机与计算机之间进行信息交换的链路

中间件

中间件对原始的数据进行加工处理，包括实现 M2M 网关功能和进行数据收集。网关是系统中的"翻译官"，用来进行信息转换；数据收集用于将数据变为有价值的信息。

▼ 网关在传输层上实现网络互连，是非常复杂的网络互连设备，仅用于两个高层协议不同的网络互连

云计算体系

　　云计算技术与物联网技术相辅相成，共同为社会各领域提供便捷的服务。云计算尚处在一个快速发展的阶段，未来在它的作用下，不同的计算技术和应用都将百花齐放。

打开方式

　　互联网是连接云计算技术和物联网的纽带。物联网要对信息进行海量的处理，就需要一个能够承载巨大数据库的平台，而云计算技术刚好能够实现这一要求。

▼ 数据中心与多行全操作服务器机架

强强结合

　　云计算指的是通过网络将巨大的数据分解成无数个小程序，然后通过系统分析这些小程序，得到结果后返回给用户。可以说，正是云计算使得物联网真正拥有了"智能"。

云计算技术的优点

按需服务：用户使用云平台时可以自主操作，不需要通过第三方服务人员。

宽带接入：云计算有着强大的网络接入能力，各个传感器节点上的数据都可以方便快捷地上传至云平台，让数据及时被记录。

数据存储：云计算可以对数据信息进行多副本的存储，在保证信息不会丢失的同时，也保障了资料的安全性。

信息管理：大量数据被存储在云平台上，云平台有着高效的处理技术，所以用户可以很便捷地在云平台上对数据进行分类和管理，这个操作往往只需要几秒。

◀ 云计算是分布式计算、并行计算、效用计算、网络存储、虚拟化、负载均衡、热备份冗余等传统计算机和网络技术发展融合的产物，是一种新兴的商业计算模型

重大意义

云计算具有规模大、标准化、安全性高等优势，能够全面满足物联网发展的需求，它的存在大大推进了物联网应用的建设和普及。

面临问题

不可否认的是，云计算技术为互联网带来了巨大的机遇，但与此同时，私密信息安全对云计算来说是个不小的问题，也是物联网模式面临的挑战。

▲ 云计算安全问题概念图

实现数据融合

数据融合是物联网中的重要技术。大数据时代要求对数据处理的方式足够有效，而物联网数据融合技术是较好的解决办法，只要选取恰当的融合模式，就可以提高数据质量。

低等水平融合

低等水平融合又称数据级融合，在物联网中主要负责消除输入数据的噪声，将原始采集的数据进行融合，再通过一些常用的算法进行简单处理。

中等水平融合

中等水平融合又称特征级融合，在物联网中侧重获取与实际应用挂钩的信息，在原始数据被提取之后，会对提取的结果进行分析和融合处理。

大数据的融合问题

物联网采集到的信息规模是十分庞大的，为了从大海一样的数据流中找到有价值的信息，就必须对信息进行加工，这就需要利用数据融合技术。大部分数据融合技术还处于起步阶段，所以只能适应小规模的信息融合。在融合的过程中，能量消耗大、数据传输是否可靠等问题都亟需解决。

高等水平融合

高等水平融合又称决策级融合，与中等水平融合的功能类似，但是可以识别出更加优化的方法，也可以对融合数据进行分析和判断，最后形成结论。

多级融合

多级融合是低、中、高三种水平融合技术的综合，所以常常在分类中只提到低、中、高三种融合技术。多级融合兼备了它们的优点，是更加全面的技术手段。

▼ 数据提取比较概念图

融合技术的安全问题

随着物联网的发展壮大，融合技术不可避免地被应用于金融、军事等机密的领域。因此，融合技术的安全问题也成为人们重点关注的问题之一。融合信息一旦遭到破坏，不但融合过程会被破坏，而且会使用户在错误的指导下发生错误的行为，导致极为严重的后果。

物联网安全管理

　　物联网的高速发展影响和改变了我们的日常生活，也正是这个原因，信息安全、设备安全如果真的出了问题，后果将是我们难以承受的，所以物联网安全管理极其重要。

密钥管理

　　密钥管理是指对密钥进行管理的行为。加密技术已经相当成熟，并且得到了广泛应用，这项技术的核心是密钥管理系统。

◀ 密钥管理包括密钥的生成、交换、存储、使用、销毁以及密钥更替的处理

安全认证

　　网络安全认证技术是物联网安全管理技术的重要组成部分之一，安全认证根据人的口令、签名、指纹、声音等特点，保证了其通信的安全。

▶ 指纹认证

隐私保护

隐私是我们日常生活和学习中的小秘密，隐私安全对我们来说是非常重要的。物联网安全管理中，要避免他人用非法手段获取我们的隐私。

▲ 随着越来越多的设备实现互连，信息安全和隐私保护成为人们关注的问题

分级预警

物联网采用"感、传、知、用"等手段，通过互联网、无线通信网、专网等通信网络，形成多重分级预警，不同层级的预警承担不同的功能。

隐私保护的关键技术
1. 数据采集安全技术；
2. 数据传输安全技术；
3. 身份认证保护技术；
4. 数据加密技术；
5. 数据发布匿名保护技术；
6. 隐私信息检索技术。

智能终端

物联网需要用到大量智能仪器，其中之一就是智能终端。伴随着人工智能技术进入稳定发展阶段，智能终端产品的销量也在稳步上升。尽管如此，目前物联网智能仪器的开发依旧不够完善。

软件结构

和计算机软件结构一样，智能终端的软件结构也分为系统软件和应用软件，比如，华为手机的系统软件是鸿蒙系统，应用软件就是指各种App。

◀ 应用软件

物联网终端

物联网近年来已经成为智能终端市场的新热点，物联网终端是移动智能终端的另一发展方向。随着物联网发展越来越快，物联网终端应用领域和应用模式也越来越多，可以应用于工业、农业、医学、金融等领域，产生智能家居、智能电表、智能收费站等一系列产品。

硬件系统

　　硬件系统是智能终端一个重要的组成部分。硬件系统中包括核心器件，能够进行最核心的计算。常用的设备和核心器件会被集中在一个芯片上。

核心器件

　　智能终端的核心器件是智能终端处理器。只有智能终端处理器的功能和效率提升了，智能终端才能够具有较高的性能。我们熟知的智能手机就拥有两个智能终端处理器。

技术特点

　　智能终端要正常运转，对技术有几个基本的要求，比如，需要较高的性能、较低的功耗，在最大程度上节约成本和提高效率。

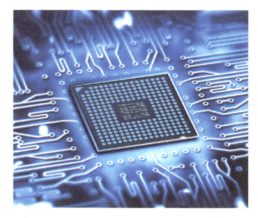

▲ 芯片是内含集成电路的硅片，其体积很小，是计算机或其他电子设备的一部分

▼ 运算器和控制器构成了计算机的核心部件——中央处理器

▼ 智能终端发展非常迅速，新应用层出不穷，不少应用都要求智能终端有较高的性能

我们身边的物联网

　　物联网的概念被提出后，越来越受到各国政府的重视，它的应用也越来越广泛，逐渐渗透到我们的生活中。随之，各式各样的智能产品被开发出来，让我们的生活变得更加多姿多彩。

智能试衣镜

　　香港理工大学 2007 年成功研发了智能试衣镜。当你站在智能试衣镜前时，它通过射频识别技术获取你的体型参数。只需要 5 秒，你就能自由地给镜中的自己换衣服。

▲ 智能试衣镜

便携导览机

　　便携导览机同样运用射频识别技术，它非常小巧且携带方便。当游客走进某个展览馆时，便携导览机上的讲解视频会被自动触发，方便游客全面了解展品。

家居摄像机

在智能家居时代，家居产品进入了发展黄金期，家居摄像机应运而生，它能够帮助人们检测家中各个角落的安全状况，让人们的生活更加安心。

▲ 家居摄像机

会"说话"的私家车

物联网时代，行驶中的车辆能够开口"说话"了！我们可以想象这样一个场景：车主人某天情绪非常低落，开车不在状态，此时车子能够自动亮起蓝色的灯光，并向周围路过的车辆传达信息："嘿，朋友，我的主人今天心情不好，请你和我保持距离。"

全自动智能家居

如果你的家里使用了全自动智能家居产品，那么在一个准备聚会的下午，你在出门买菜的路上，只要按下一个按钮，就可以让电饭煲里的米自动煮起来；如果有一个朋友已经到你家门口了，你不想让他等待太久，只要再按下一个按钮，你家的大门就会自动打开。

RFID 平板电脑

RFID 平板电脑适用于各个领域，是一种小型的计算机处理设备。我们现在去某个餐厅，餐厅服务员会拿来一个RFID平板电脑，我们可以在 RFID 平板电脑上自主点餐和结账。

▶ RFID 平板电脑

物联网的应用

▲ 农用信息化智能监控系统

物联网的应用场景十分广泛,遍及工业监测、植物栽培、敌情侦察、情报搜集、公共安全、健康护理、智能交通、环境保护、政府工作、智能家居、水系监测和食品溯源等多个领域。

智能农业

在农业领域,物联网可以应用于地面的温度测量、家禽的健康监控、农作物的灌溉情况观测等,通过合理估计,为人们的抗灾、科学种植助力。

智能医疗

在医疗卫生领域,物联网可以通过传感器和移动设备对人体的状态进行检测,例如检测体温、体内缺水情况、血糖的高低、血压的状况等。

▶ 非接触式红外测温仪

智能电力

在电力安全检测领域中，电力传输的各个环节都有物联网的影子，比如，隧道和核电站对电网的管控都需要通过 M2M 技术，这大大提高了传输的安全性和便捷度。

M2M

▼ 智能家庭

调控照明

调控视频播放

调控空调

调控窗户通风

调控 LED 光源

智能家庭

在家庭日常生活中，物联网的发展更加迅捷，大大提升了人们居家的幸福度和舒适度。利用物联网可以定位家庭成员的位置，也可以管理家庭生活。

大数据信息处理

云计算

增强现实

新的工业模式

系统集成

智能工厂

用户界面

网络安全

工业物联网

工业物联网指将物联网中的技术和产品应用到工业中，作用于工业生产过程的各个环节，以提高工业产品的质量。主要用到的技术有传感器技术、设备兼容技术、网络技术和信息处理技术。

传感器技术

▼ 传感器智能采集数据

传感器价格便宜，是工业物联网应用的基石。在传感器的帮助下，机器可以完成自我校准、学习和决策，也能够吸收光能、增加温度，为自己供电。

52

工业机器人

无人机

◀ 工业物联网最终实现将传统工业提升到智能化的新阶段

设备兼容技术

　　企业一般会根据自己的情况打造工业物联网，而如何让所有的设备兼容是推广工业物联网所面对的一个重要问题。现在大部分企业已经很好地解决了这个问题。

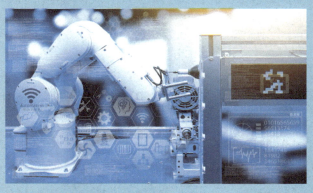

▲ 高度自动化的硬件设备和智能集成感控系统，可以主动排除生产障碍

网络技术

　　网络技术是工业物联网的一大核心。无线网络在工业应用中还有很多问题，包括无线的开放会降低安全性，工业工作容易受到干扰等。

信息处理技术

　　工业的爆炸式发展导致生产过程中产生了大量的数据，这对工业物联网是一个挑战，也是发展的难点。数据融合技术就是信息处理技术的一种。

▼ 数据融合概念图

大数据

工业物联网的两个案例

　　上海某地产档案室管理项目：上海某地产档案室存放着大量的公司档案，档案往往是纸质的，所以对环境中的温度、湿度要求较高。物联网平台"中易云"可负责档案室的环境调控。通过"中易云"平台，管理人员可以用手机随时监控档案室的环境，保证档案室的文件始终处于最佳的储存环境。

　　某市世园会照明管理项目：世园会吸引了各地的游客，为了提升游客的观赏体验，保护游客的夜间安全，整个世园会的夜晚照明要求极高。通过物联网对接云平台，工作人员可以调节光线的强弱和色彩的变化，同时在发生故障时，可以及时报警处理。这不仅是为了游客更好观景，也关系到城市形象。

农业物联网

　　农业物联网一般依赖于各种传感器，通过各种仪器实现农业的智能运作。物联网在农业上的应用是人类文明的一大进步，它不仅彻底改变了农业生产模式，也解放了人们的双手。

实时监控

　　利用传感设备，大棚温室内的温度、空气湿度和光照情况都可以被记录下来，上传给管理员。如果有需求，传感设备还能够提供分析服务。

◀ 农业物联网利用各种传感器能迅速依照作物成长的需要对栽培基地的温湿度、二氧化碳浓度、光照强度等进行调控

远程控制

　　有的大棚条件比较好，安装了电动排风机、灌溉机等机器，可以实现远程控制功能。人们可以用手机或电脑控制机器的开关。

▲ 农业物联网示意图（体系更加主动化、智能化和长途化，比手工栽培模式更精准、高效）

警告功能

　　只要人们预先设定好相关参数的最高值和最低值，当发生意外状况时，系统就会立刻发出警告，提醒人们采取相应措施，确保作物的生长环境良好。

针对查询

　　人们在用手机、电脑登录系统之后，可以针对性地查询大棚中的设备操作记录、历史照片等，还可以获得当地的政策、市场行情之类的信息。

▼ 传统农业很难将栽培过程中的所有监测数据完好记录下来，而农业物联网可利用各种监控传感器和网络体系将一切监控数据保存，便于农产品的追根溯源，完成农业生产的绿色无公害化

军事物联网

军事物联网是指物联网在军事领域的应用，它代表了先进的战争实力。在未来的战争中，人海战术将会失效，战争会从"人"与"人"之间的战斗，变为"物"与"物"的交锋。

能"看见"

军事物联网的应用主要关注点是战场情况感知，利用相关设备可以有效获得战场信息，让人们能够"看见"战场上发生的一切。

▲ 军事物联网实现了军事装备的智能化；通过大量的传感器，武器装备可实时获取战场态势、敌方威胁等战场信息，从而及时做出反应，提高战场生存能力

可"交流"

"看见"只是军事物联网最基本的功能，它最重要的功能是让所有的信息互相流通，形成一个可以"交流"的系统，人员、武器装备和物资都被纳入这个系统中。

▲ 军事物联网概念图（包括传感器、车辆、机器人、武器、可穿戴式智能产品，以及相关智能技术在战场上的使用）

会"思考"

军事物联网还能让战场上的感知精确化，它是一个极为智能的系统，可以对目标进行定位，帮助指挥员掌握战场态势，有效节约时间，提高效率。

听"指挥"

以军事物联网技术为核心的系统可以实现稳定指挥，即使一个通道被破坏，其他通道也可以工作，有效避免了指挥系统被破坏就失控的局面。

军事物联网的特征

1. 任务不同，组合与配置不同；
2. 适用于高动态、资源受限的战场环境；
3. 规模可变化；
4. 抗干扰能力强。

◀ 军事物联网想象图（其应用主要围绕战场态势感知、智能分析判断和行动过程控制等环节，系统实现全方位、全时域、全频谱的有效运行，从而破除"战争迷雾"，全面提升基于信息系统的体系作战能力）

教育物联网

随着科技的进步，教育方式面临着重大的变革，不少物联网方案开始向教育领域渗透，传统教学模式正在向智慧教育模式转型。它们殊途同归，最终目的都是激发学生的学习兴趣。

校园安全

校园安全问题一直是学校和家长关注的重点，物联网可以帮助学校提高校园安全度。例如，安装"一键式"应急预警系统，校园里发生紧急情况时就会自动报警。

一个智能的教室可能会有：
1. 互动式白板；
2. 无线智能门锁；
3. 温度与环境传感器；
4. 自动出勤跟踪系统；
5. 高效照明设备；
6. 智能空调系统；
7. 安全系统。

互动课堂

通过云平台，学生可以在系统中上传自己的答案，老师可以在系统中批阅作业，实现信息共享、互动教育，及时了解学生的学习状况。

◀ 线上教育场景

物联网给教育机构带来的好处：

1.积极参与。学习中有互动才能有更好的学习效果，而物联网具有互动性特点，互动的模式可以激发学生的热情和创造力。

2.个性设置。物联网正在从本质上改变教育的模式，它可以提供定制化教学，实现一对一服务，并设计出交互式学习来适应不同学生的进度。

3.提高效率。物联网的智能教师系统可以替老师处理一些简单的工作，让老师专注于更重要的事情。

▲ 交互式电子白板的大屏幕，可以打造交互式教学场景

教学管理

智慧校园管理平台可以实现校园内的资源管理，比如，可以设置课程分数、添加选修课等，考试时间的安排、考试成绩的录入也能在平台上完成。

校园考勤

智能电子卡内有电子标签，学生佩戴电子卡后，走过的路和实时位置都可以被记录，这个记录依靠RFID采集器完成，保证了学生的安全，实现了电子校园考勤。

智能电网

电网智能化也被称为"电网2.0"，它通过先进的传感技术，用特高压电网搭建骨干网架来实现电网可靠、安全、经济的目标。它能在保护电网不受攻击的同时，满足不同用户的用电需求。

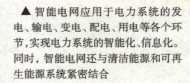

工厂

智能住宅

城市建筑

▲ 智能电网应用于电力系统的发电、输电、变电、配电、用电等各个环节，实现电力系统的智能化、信息化。同时，智能电网还与清洁能源和可再生能源系统紧密结合

▲ 智能电表由测量单元、数据处理单元、通信单元等组成，具有电能量计量、数据处理、实时监测、自动控制、信息交互等功能

一个目标

智能电网的最终目标只有一个，那就是打造统一坚强的智能电网，这张电网用特高压作为骨干网架，能够协调不同级别的电网和谐发展。

两条主线

从技术和管理两个角度出发，智能电网有两条主线：在技术上需要实现信息化、自动化、互动化，在管理上需要体现集团化、集约化、精益化、标准化。

核能发电站　火力发电站　水力发电站

电所

智能电网

传输站

太阳能发电站

动汽车　风力发电站

智能电网的历史发展

　　2005 年：加拿大人马克·坎贝尔发明了无线控制器，让无线控制器和大楼中的各个电器相连，从而控制大楼中所有电器的开关。

　　2006 年：美国 IBM 公司与其他电力企业合作开发了"智能电网"，智能电网的概念正式产生。

　　2007 年：中国开始进入智能电网领域。

　　2010 年：国家电网公司制定《关于加快推进坚强智能电网建设的意见》，确定了智能电网的原则和目标。

　　2011 年：我国建成世界最高电压等级的智能变电站。

三个阶段

　　智能电网的发展经历了三个阶段：2009—2010 年为测试阶段；2011—2015 年为全面建设阶段；2016—2020 年为提升阶段。

五个内涵

　　智能电网的五个内涵分别如下：一是坚强可靠；二是经济高效；三是清洁环保；四是透明开放；五是友好互动。

智能医疗物联网

智能医疗利用先进的物联网技术打造了一个医疗信息平台，让医护人员、医疗机构和医疗设备实现互动，患者也可以在平台上预约挂号。在中国新医改的背景下，智能医疗正在走向普通人的生活。

病情诊断

智能医疗设备在身体指标追踪方面的应用越来越多，能帮助人们检测疾病的早期迹象，防患于未然。有的智能手表就搭载了医疗设备，比如华为手表就有血氧浓度检测功能。

▶ 在不久的将来，医疗行业将融入更多人工智能、传感器技术等高科技，使医疗服务走向真正意义的智能化

身体疗养

在物联网技术的作用下，一些可穿戴的传感器能够帮助病人术后锻炼，医生还可以对病人进行远程监控。这项功能可以大大降低手术成本，因为术后的身体疗养也是手术的重要部分。

长期护理

追踪身体数据的传感器不仅可以捕捉瞬间数据，还能够对人们的血压、汗液等进行长期分析。

远程无线动态血压监护系统

远程无线动态血压监护系统是一个健康干预系统，该系统由血压采集器和软件组成，包括了健康手机端软件和中心服务器端软件。使用者可以在系统中建立个人电子健康档案，在系统的帮助下，定期对个人健康进行评价。

婴儿健康智能管理系统

婴儿健康智能管理系统能够利用无线通信技术，对婴儿进行定位，有效防止婴儿被偷、被错抱。如果婴儿被带到未知的地方，或者婴儿手上的腕带被别人破坏，系统的控制中心就会直接报警。

▲ 电子病历系统

▲ 智能手持终端能有效地测量和传输健康数据

预防措施

应用了智能医疗物联网的设备可以帮助老年人预防一些风险，比如，一些智能手表能识别跌落或其可能性，可以监测老年人的活动，防止老年人摔倒或者发生其他意外。

63

智能交通物联网

　　智能交通物联网是为了完善城市交通系统而存在的。目前，智能交通物联网建设已从探索阶段进入实际开发和应用阶段，其涉及视频监控与采集、导航定位、专用短程通信和位置感知等技术。

视频监控与采集技术

　　视频监控与采集技术是一种新型采集技术，也是视频图像和模式识别的结合。它可以将采集到的连续图像转为离散的数字图像，再通过软件分析处理得到车牌、车型等信息，从而对车况、车速进行管理。

▶ 视频监控与采集技术

智能交通物联网的子系统

车辆控制系统：该系统可以辅助驾驶员驾驶，甚至可以代替驾驶员工作。通过安装在车上的雷达，系统可以准确判断车和障碍物之间的距离，遇到紧急情况时可以立刻做出反应。

交通监控系统：该系统类似机场的航空控制器，哪里发生了交通事故，哪里拥挤，哪条路畅通，系统都会快速告诉驾驶员。

运营测量高度管理系统：该系统通信能力强，可以对全国范围内的车辆实施控制。

旅行信息系统：这是专门为旅游人士设计的系统，可以帮助外出的人眼观六路、耳听八方。

导航定位技术

　　导航定位系统是驾驶时必备的应用系统，其使用了导航定位技术。常用的导航定位系统有中国的北斗卫星导航系统和美国的全球定位系统（GPS）。汽车中的导航定位系统可以计算车的位置，这种定位的误差一般在几米之内。然而，导航定位技术的使用不是没有任何限制的，比如在建筑物的遮挡下定位可能会受到影响。

▲ 汽车中的导航定位系统

▲ 智能交通物联网

专用短程通信技术

　　专用短程通信技术是一种新型的技术，专门用于机动车辆在高速公路等收费点实现不停车自动收费。

位置感知技术

　　位置感知技术是一种新型定位技术，它通过能够被动或主动确定位置的位置感知设备，来为全球范围内的一定区域和地点提供定位、导航、测量等技术服务。

智能物流物联网

　　智能物流物联网让物流系统可以模仿人的智能，有独立思考、学习、解决物流问题的能力，并一切以顾客为中心，根据客户的需求升级内容，解决物流过程中的运输、包装、储存等难题。

自动识别技术

　　自动识别技术是智能物流物联网中最基本的技术。通过识别装置，快递员可以自动获取快递中的信息，从而进行快递的录入和取出。

◀ 自动识别

◀ 智能快递柜

神奇的智能快递柜

　　智能快递柜就是物联网在物流领域中的伟大应用。快递员将快递送到指定地点后，将其放入智能快递柜中，并给收件人发送短信，短信中包含了取件码。这样，收件人就可以通过取件码自行到快递柜取件。这个过程不受时间限制，且无接触，更安全。

数据挖掘技术

　　数据挖掘技术是一种从大量数据中提取有价值信息和知识的技术。如今，物流企业利用数据挖掘技术，通过分析大量数据源，来优化物流运输和提高效率。

人工智能技术

人工智能技术在智能物流中的应用主要依靠各种模拟机器人实现，它们可以模仿人类的思维，解决我们在物流中难以解决的计算问题。

▼ 物联网为物流业将传统物流技术与智能化系统运作管理相结合提供了一个很好的平台，进而能够更好更快地实现智能物流的信息化、智能化、自动化、透明化、系统化的运作模式

地理信息系统技术

地理信息系统（GIS）技术是智能物流中的关键技术，它可以构建一张物流图，图中会有订单信息、网点信息、送货信息、车辆信息、客户信息等。

京东物流

京东集团自 2007 年开始自建物流，打造了一个覆盖全球的物流网，这张大网中就包含了大数据、云计算和智能设备，从产品销售到运输配送，京东物流无所不包。截至 2020 年 9 月，京东物流已经拥有超过 800 家仓库，包括云仓。值得一提的是，多家智能物流园和无人仓已经投入运营，90%的自营订单可以在 24 小时内送到客户手中。

智慧城市发展

智慧城市发展规划以云计算、物联网等新一代技术为基础。智慧城市使城市的生产效率和服务能力都有了很大的提高，政府管理更加高效，人们的出行也更加方便。

基础服务平台

城市中的资源是很丰富的，要让市民在复杂的信息中找到有用的信息，就需要一个强大的服务平台，把所有业务都排列明白。

智能交通管理

城市交通同样需要得到重视，城市街道上来来往往的车流，给管理带来了极大的难度，物联网可以帮助管理者实时掌握交通状况。

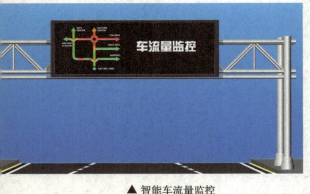

▲ 智能车流量监控

能源

智能电网

照明设备

用水管理

居民

智能房屋

智能购物

实时维护

安保

消防安全

智能摄像头

电路工程

▲ 智慧城市是把基于传感器的物联网和现有互联网整合起来，通过快速计算分析处理，对网内人员、设备和基础设施，特别是交通、能源、商业、安保、医疗等公共行业进行实时管理和控制的城市发展类型

市民公共服务

市民公共服务是基于提高市民的生活质量,让市民的生活更便捷而推出的物联网系统,市民可以在该平台上就医、打车等,也可以在三维智慧城市地图上找到自己的位置。

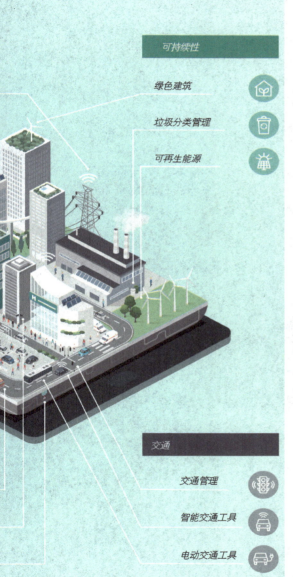

可持续性

绿色建筑

垃圾分类管理

可再生能源

交通

交通管理

智能交通工具

电动交通工具

智慧旅游项目

智慧旅游项目使旅游的人去某个城市前就能够轻松获得该城市的各种信息,可以预订机票、车票、酒店,方便出行,让人们的旅行体验更美好。

▲ 线上旅游平台

智慧江苏平台的特点

1.全网服务。电信、移动、联通的用户都可以使用智慧江苏平台,不受限制。

2.内容丰富。旅游、公共服务、商业等内容都涵盖在内。

3.体验良好。平台是一站式的,所有的应用都清楚明白,用户操作无障碍。

4.多个终端。在多个终端上都可以使用,有 PC 端、移动端等。

5.个性定制。用户可以根据自己的喜好,自由定制页面和服务。

智能建筑

　　智能建筑通过将建筑物的结构、系统、服务和管理根据用户的需求进行最优化组合，从而为用户提供高效、舒适、便利的建筑环境。我国智能建筑的发展与发达国家相比还存在差距，但发展前景巨大，有很大的市场空间。

历史背景

　　2017 年住房和城乡建设部发布《建筑业发展"十三五"规划》，同年建筑智能化的规范标准也开始实施，相关行业都开始为推进智能建筑采取行动。

▲ 楼宇自动控制系统

发展现状

　　随着我国科技的进步，计算机技术、智能卡技术、卫星技术不断提升，智能建筑会发挥越来越重要的作用，设计和技术上也会不断突破。

▲ 防盗报警系统

◀ 绿色智能建筑

▲ 门禁系统

存在的困难

稳定性差、功能不易实现、智能化水平参差不齐等，一直都是智能建筑遭人诟病的问题。很多设计人员对智能建筑还处于摸索阶段，再加上施工质量差，给智能建筑的发展造成了困难。

智能建筑 3A

大楼自动化（BA）：又称建筑自动化、楼宇自动化或建筑设备自动化，是智能建筑的基本功能之一，可以对楼中的设备进行监控和管理，包括空调与通风监控系统、给排水监控系统、照明监控系统、电力供应监控系统等。

通信自动化（CA）：一般指智能建筑的信息通信系统，用以保证建筑中的语音、图像传输，确保建筑内和建筑外的网络相连，让建筑内的人可以和世界各地联系，包括固定电话通信系统、无线通信系统和卫星通信系统等。

办公自动化（OA）：将现代化办公和计算机技术结合在一起，包括办公室中的各种新技术、新机器。

▲ 多媒体显示系统

▲ 智能停车管理系统

绿色建筑

未来之路

智能建筑是智慧城市发展规划中的项目，它的建设必须融入城市的建设中。智能建筑作为智慧城市的重要部分，也受到了国家的重视。

◀ 物联网与智能建筑是智慧城市的基本单元，它以建筑为平台，兼备建筑设备、办公自动化及通信网络系统的优势，集结构、系统、服务、管理于一体

智能物联之家

　　人类对建筑的追求从避寒发展到居住，再到更高层次的舒适，而物联网给了我们一个新的选项——智慧。未来建筑的智慧程度究竟会发展到什么地步？我们可以做出自己的猜想。

唤醒服务

　　智能物联之家中，会有 AI 管家记录你的呼吸节奏、睡觉时间等，同时分析你的睡眠质量，然后在合适的时间为你安排唤醒服务，贴心至极。

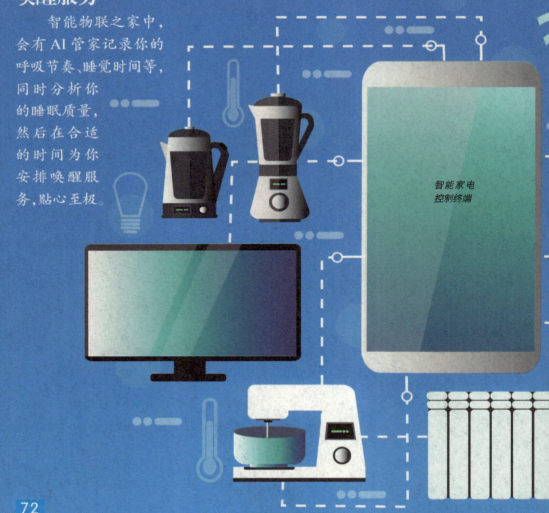

智能家电
控制终端

智能控制系统　照明系统　电路管理系统　设备控制　智能恒温器

安保系统　　　　　　　　　　　　　　　　　　　智能浴室设备

智能门禁　　　　　　　　　　　　　　　　　　　智能车库

▲ 智能家庭通过物联网技术将家中各种设备连接到一起，并为家庭提供家电控制、照明控制、暖通控制、防盗报警等多种服务

◀ 融入了数字和网络技术的新型家用电器，能够和互联网相连接。人们通过手机、遥控器等就能远程操控家用电器。比如，下班前，住户通过互联网打开家里的暖气系统，提前将室温调节到舒适的温度

走进"智慧家"

　　"智慧家"的设计就是让人们在线上解决生活所需，人们只要操作手机，就可以轻松完成要做的事情。当你忘记关闭电器，而自己一时半会儿没法回到家中时，可在手机中找到电器的开关，通过远程操作关闭电器。这种服务不是一成不变的，而是不断在更新，你可以提出你的需求，它会不断升级，为你的生活添砖加瓦。

日程安排

　　AI 管家可以根据当日的天气和你的计划，帮你规划一天的行程，即使遇到了突发状况，AI 管家也会及时为你调整，帮你节省宝贵的时间。

影音播放

　　你的健康数据会被 AI 管家记录，当你因为某一件事情伤心不已，或是遇到了开心的事情时，它会根据你的心情播放不同风格的音乐。

穿戴搭配

　　AI 管家可以参考室内外的温度和天气状况，为你精心挑选合适的衣物，搭配最佳的配色。你还可以选择自己喜欢的风格，让它为你安排穿搭。

73

智慧金融系统

智慧金融系统是物联网在金融领域的运用，是对金融行业中业务流程、客户服务方面的提升，它具有透明性、即时性、高效性和安全性的特点。

透明性

传统金融有一个不可避免的缺点，就是信息不对称。基于互联网的智慧金融系统，有很多公开透明的平台，平台上的信息都是共享的。

▶ 依托于大数据支持，金融机构在进行风险控制时的数据维度更多，决策引擎判断更精准，反欺诈成效更好

即时性

简单来说，智慧金融比传统金融更高级，它拥有超强的计算功能，平均4分钟就能够处理一项分期贷款业务，和人工服务相比要快得多。

▶ 在智慧金融系统中，用户应用金融服务更加便捷，不会再因存钱、贷款而在银行网点长时间排队

高效性

金融机构在智慧金融系统的帮助下，可以为用户提供针对性的服务，满足顾客的各种要求，这种服务是多样化的，且效率极高。

▶ 金融一站式服务

智慧银行

中国工商银行：2018年4月26日，中国工商银行召开发布会，介绍了自己在智慧金融系统上的成果。工行组建了网络金融部门，建立了创新实验室，致力于加快智慧银行建设。

中国农业银行：2018年4月20日，中国农业银行打造的中国首家DIY智慧银行在重庆开业。DIY智慧银行强调自己动手、自己做主，以客户为中心、由客户主导，让客户充分体验到了金融科技带来的变化。

中国银行：2017年初，中国银行在集团内部成立了智慧金融开发组，专门研究"中银慧投"，把人工智能与专家智慧相结合，让广大用户共启智慧投资之旅。

中国建设银行：2018年4月，中国建设银行召开了"智慧银行，超凡体验"发布会，将银行服务与智慧出行、智慧校园、智慧医疗等服务结合，助力智慧城市建设。

安全性

金融机构在提供服务时，由于征信系统存在缺陷，安全方面往往让人担忧，但智慧金融系统可以进行风险控制，反欺诈的效果很好，全面保护了用户的隐私及数据安全。

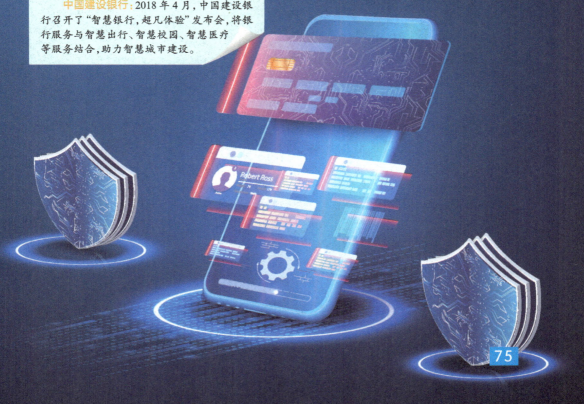

智能监控系统

　　智能监控系统是物联网在民用领域的智能系统，主要包括监控与防盗报警两大系统。不法分子闯入时，系统会在第一时间给用户打电话或发短信，用户可以在手机或电脑上查看监控画面。

智能监控系统的应用

　　智能监控系统用于监测和控制环境、设备和设施状态，其中，环境包括温度、声音、气味等，设备和设施包括门窗、车辆等。智能监控系统可实现视频监控与分析，自动监测和识别视频中的对象、行为等；能够实时分析和处理大量的监控数据，检测出异常行为或事件，发出警报。

发展难点

　　智能监控系统尽管已经获得一定发展，但在摄像头遮挡的处理、建模与跟踪、摄像头的使用和性能评估四个方面还面临着极大的挑战。

▼ 智能监控系统是全自动、全天候、实时监控的智能系统

照明系统　摄像机　温控仪　门锁　水　声音

发展趋势

　　智能监控系统未来的发展趋势有三点:第一是智能安全;第二是在数据复杂的智能工厂中实现智能监控;第三是进行复杂的设备分析。

安全监管应用

　　加油站作为危险化学品的存储和使用场所,其安全问题至关重要。传统监控系统主要依赖人工监管,效率低,缺乏及时识别风险和排查隐患的能力。

　　智能监控系统能运用图像识别技术,对加油站内消防通道占用、消防设备遗失、抽烟、打电话、人员闯入、人员防具穿戴等风险进行实时监测、识别、报警和记录,确保加油站的安全生产环境。

◀ 智能监控系统监控器中监测到的音视频数据通过网络实时传入智能监控系统中,系统再从这些数据中自动识别出人们需要的人脸、车牌号、车辆类型等信息

智能监控系统常用设备

　　摄像机:常用的有三种,分别是枪式摄像机、半球摄像机和全方位云台摄像机。
　　镜头:一般指安装在摄像机前端的光学装置,按镜头光圈分为手动光圈镜头和自动光圈镜头,按镜头的视场大小分为标准镜头、长焦距镜头、短焦距镜头、变焦镜头和针孔镜头。
　　防护罩:摄像机外一般都装有防护罩,用来保护摄像机和镜头,常用的有室内防护罩、室外防护罩。
　　支架:用来固定摄像机、防护罩和云台,有各种各样的形状和大小,分为一般摄像机支架、云台支架。
　　云台:安装和固定摄像机的设备,分为固定云台和电动云台两种。

▶ 智能监控系统常用设备

智能感知信息系统

一般来说，一个有效的物联网人工智能系统就是基于感知能力的系统。在复杂的场景中，动态的智能感知能力极为重要，现代智能感知信息系统需要模仿人和动物的认知，去识别物体的特征。

▲ 手机中的摄像头就是一种可见光传感器

可见光传感器

可见光传感器一般指通过感知可见光来工作的电子元件，它采用了较为单一的感知技术，以可见光为探测对象，将图像转换成电信号输出。

多光谱图像

技术发展到现在，已经有更高的感知手段，多光谱图像就是其中的一种。它包含很多层图像，根据每一层传感器的敏感度得到场景亮度。

智能感知信息系统的未来

智能机器人：智能感知信息系统的发展，应该强调智能机器人的设计。未来的智能机器人应该具备丰富的感知系统，拥有敏锐的听觉、视觉、触觉乃至嗅觉，这样机器人才能够拥有和人类匹敌的"大脑"，理解人类的语言，从而采取相应的行动。

自动驾驶车：自动驾驶车对智能感知的需求也非常强烈，该领域一直在朝着实用化发展，依靠智能感知技术，能够实时、准确、高效地实现车辆的管理，即使新手上路，也毫无后顾之忧。

智能控制器：智能控制器是具有智能感知的机器，且因为场景的千变万化，其感知手段更加复杂。

◀ 无人驾驶汽车可以通过车载传感器感知道路环境，然后控制车辆的转向和速度，从而使车辆能够在道路上安全行驶

毫米波雷达

毫米波雷达是指一种在毫米波波段工作的探测雷达，这里毫米波通常指 1~10 毫米的波长。毫米波雷达的体积小、质量轻、分辨率高，可以同时识别多个目标。

前视红外仪

前视红外仪是有着极高光学分辨率的扫描仪器，通常我们将它装在飞机的头部，用来拍摄飞机前方和下方的景物。

智能地理信息系统

智能地理信息系统是基于GIS建立的，是公安交通指挥中心平台的基础。在该系统下，所有的操作都可以在电子地图上完成，非常简单、直观，公安交通部门可以在此基础上进行指挥调度。

交通信息显示

在智能地理信息系统中，道路、交通设施、重要场所、公安机关地理位置等信息都可以在地图上分层显示，并可以进行缩放、标注等。

▼ 智能地理信息系统概念图

◀ GIS 空间数据层概念图

定制视图显示

根据需要定制视图，例如，想要在地图中只显示公安机关和部分重要场所的位置，可以把其他图层关闭。这样的视图定制起来比较简单。

▼ 根据无人机航拍照制作的矿井高程模型图

智能地理信息系统的发展历史

　　10 000 多年前，法国一个猎人在洞穴的墙壁上画下了动物的图案，以及这些动物的迁徙路径，以便更好地进行捕猎，这就是最早的"GIS"。

　　19 世纪，勘探技术已经较为成熟。1854年，伦敦霍乱中就使用了该技术，这可能是对定位方法的最早使用。

　　20 世纪初期"照片石印术"的发展，使地图可以被分成多个图层，这些图层画在不同的玻璃板上。这种分层的技术是当代智能地理信息系统的典型特征之一。

　　20 世纪 60 年代初期，计算机的发展使"绘图"可以在计算机上进行。1967 年，世界上第一个地理信息系统在加拿大使用。

▼ 数字化地图　　　　▼ 美国 ESRI 公司国际用户会议是全球最大的 GIS 会议

地理信息查询

　　只要是在系统中有记录的信息，都可以被准确查询，可按照搜索警用标志、地名等名称及鼠标定位等方式查询，查询时还会显示更详细的相关信息。

事件触发机制

　　遇到突发事件时，地图可以自动发出警报，自动显示事件发生的地点、事态的严重程度和一定范围内的警力信息。

中国物联网发展

　　物联网的发展日新月异，而中国物联网的发展更是势头正足。未来，社会现代化治理、产业数字化转型和民生消费升级都需要物联网的辅助。因此，中国物联网的发展绝不能停下脚步！

中国物联网发展的基础

　　2004 年，我国把射频识别作为国家金融发展体系中的一个重点，陆续在全国范围内展开了试点工程。而我国物联网的发展正是在射频识别广泛应用的基础上发展起来的。

中国物联网发展的高潮

　　从 2006 年到 2015 年，我国发布了《关于积极推进"互联网+"行动的指导意见》等一系列政策文件，将物联网纳入战略性新兴产业，进一步将物联网的发展推向了高潮。

中国物联网发展的不足

　　我国物联网应用总体上处于快速发展阶段，在物联网相关通信服务领域取得了一些进展，但仍有不足之处，在网络技术、传感器与智能终端及下一代互联网产品方面有一定的提升空间。

▼ 近年来，在智慧城市建设上，杭州始终走在全国前列，其覆盖面广的移动支付、新颖的在线医疗模式、创新的物流运输模式，都受到了较大关注

▲ 人工智能、物联网、大数据等"黑科技"都在为无人超市购物保驾护航

物联网进入 2.0 时代

　　随着人工智能、大数据、云计算等技术的发展完善，物联网的发展逐渐跨入了一个新的时代，也就是 2.0 时代。我们使用的共享单车、智能手表、数字眼镜等物品，就用到了物联网技术。

中国物联网应用领域厂商分布

应用领域	物联网相关技术	主要竞争企业
工业	微机电系统、可编程逻辑控制器等	西门子、智能云科、工业富联等
农业	微机电系统、视频、GPS 等	华农天时、奥科美、大疆等
医疗	RFID 电子标签、人工智能等	天智航、大艾机器人、爱特曼等
交通	NB-IoT、RFID 电子标签、GPS 等	高德地图、美团单车、斑马智行等
物流	LoRa、RFID 电子标签、GPS 等	顺丰、宅急送、中通快递等
智能家居	语音、生物识别、Wi-Fi 等	海尔、小米、美的、格力等

国外物联网发展

我国的物联网产业发展如火如荼，那么国外的物联网发展又怎么样呢？目前，美国、法国等发达国家都在深入研究物联网，这些国家的物联网技术经历了不同的发展历程，对我们来说有借鉴意义。

美国

1991年，美国就提出了普适计算的概念，是物联网的雏形。2008年以来，美国对智能设施的投入持续增加，到现在已经打造出一个实力较强的物联网产业。

欧盟

欧盟非常重视物联网战略，还通过重大项目支持物联网发展。在物联网应用方面，欧盟的市场已经比较成熟，发展也相对均衡。

日本

　　日本是较早启动物联网应用的国家之一，重视政策和企业的结合，对有大量需求的应用，政府会给予相应的支持。

韩国

　　2004年，韩国提出了为期十年的国家信息化战略（U-Korea战略），确定了需要重点推进的业务。目前，物联网相关的信息家电、汽车电子等领域的开发应用，已位于全球先进行列。

全球物联网发展概况

　　整体来看，物联网是世界信息产业的第三次浪潮。当前，全球物联网技术持续发展，标准体系构建不断加快，产业体系不断完善。未来几年，全球物联网市场规模将进一步扩大。

困境与挑战

物联网在快速发展的同时，也面临着很大的挑战。多份研究结果显示，企业在使用物联网时，最大的障碍在于对安全的顾虑。安全和隐私的解决方案将成为物联网部署的最大挑战。

中国生产工艺的窘境

尽管我国有市场巨大的优势，但在物联网这个关键产业，中国还处于相对落后的地位。就生产、加工、品质保障和成本控制等生产工艺上的诸多环节而言，我国都面临着窘境。虽然我国被称为"世界工厂"，但在高端的生产工艺上，我们和其他世界企业相比还有差距。

规模局限

受制于物联网自身的碎片化，大量只具备连接和设备管理功能的平台都被称为"物联网平台"，如果规模不够大，那么它们会最先被淘汰。

功能局限

物联网平台的数量巨大，但目前由于人工智能技术及数据感知层搭建进度的限制，物联网平台的发展还尚未成熟。

▼ 安全性是物联网应用受到各界质疑的主要因素

最具优势的地域——上海

物联网作为新兴产业，近年来大有"遍地开花"的态势。从现有的各地产业形式来看，上海是物联网最具发展潜力的地方。因为上海相关产业的发展较为完备。

能耗局限

物联网的定义太过宽泛，对技术和运营有更高的要求。面对如此广泛的应用，低功耗将是重中之重，电池的安装、保养和维修不仅难度高，开销也很大。

互通局限

物联网对接平台的标准和协议并不高度统一，物联网设备和平台的互通互联问题，也是制约物联网发展的大难题，比如很多厂商只能把业务"绑定"给一个平台。

物联网的未来

现在,各企业已经意识到物联网的潜力,并把物联网相关的应用尽可能多地运用到各种设备中。这种整合的可能性是无限大的,物联网终将变为万物互联,每一个"物"都会连接到物联网上。

无处不在的人工智能

人工智能为物联网的广泛应用提供了动力,在人工智能的基础上,物联网对实时数据的处理更加高效,未来将能够完成更高要求的任务。

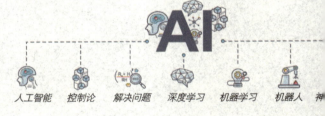

人工智能　控制论　解决问题　深度学习　机器学习　机器人　神

▲ 人工智能信息图

逐渐集成的硬件和固件

计算机硬件和固件正在变得更加小巧、更加坚固、更加节能,与此同时,它们的处理能力却在不断提高,操作的响应速度和安全性能也将不断提升。

不断创新的无线技术

  5G 和 Wi-Fi 6 的采用及部署的扩大，可以解决当前网络的几个限制问题，能够精确感知连接设备的位置,提高设备的可靠性,提升功效的同时降低能耗。

持续改善的协议标准

  早期的计算机网络之所以能够发展成因特网，在于采用了通用通信协议，该协议让网络和设备之间通信。改进的协议标准同样可以刺激物联网的发展。

◀ 创新技术和生活方式信息图（使用触摸屏界面、虚拟现实和机器人的人）

未来,我们已经准备就绪

无线传感和位置追踪:目前已经实现了跟踪船舶集装箱、包裹和车队车辆的技术,任何资产都可以得到较好的保护,有效防止了盗窃、伪造等各类风险。

网络现实:增强现实(AR)、虚拟现实(VR)和扩展现实(XR)的概念已经完善,可以实现远程维护机器、员工培训模拟等。

关键基础设施的监控:道路、铁路、桥梁和公用事业等设施在发生故障和受到威胁时,可以被及时监测到,便于工作人员查明漏洞并尽快修正。

智能工厂:更小、更智能的设备已经出现在智能工厂中,工厂的运营早已离不开物联网。

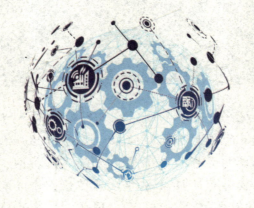